M.C. Ehinze

VIRTUAL FEELINGS

–als Kurzmitteilung-

Herstellung und Verlag :
Copyright© 2010 Millinson Chiedu Ehinze
Alle Rechte vorbehalten. Das Werk darf auch teilweise nur mit Genehmigung des
Autoren.
bei Books on Demand GmbH
In der Tarpen 42
D-22848 Norderstedt.
Germany.
Tel: +494053433520
www.bod.de

Gedruckt und Gebunden in Deutschland.

ISBN 978-3-8391-8528-5 Books on Demand
Herstellung/Satz : Dinah .E

Taschenbuch

INHALT

Morgens............................8

Nachts.........................12

Herzschmerz........16

Liebe............33

EINLEITUNG

Wir leben in einer Welt in der das verschicken von Text
Nachrichten (SMS) zum Alltag gehören.
 Zurzeit werden täglich Billionen Text Nachrichten
verschickt.

Dieses Buch wird Ihnen dabei helfen für jede Lebenslage ob
an die Familie, Freunde oder der großen Liebe, die richtige
Text Nachricht zu finden. Aber aufgepasst!!

Wenn Sie einmal damit angefangen haben mit virtual
feeling, können Sie nicht mehr aufhöre

Morgens

Morgens

Zwischen den Tausend gestern und Eine Millionen morgen gibt es nur ein heute, und ich werde diesen Tag nicht vergehen lassen ohne dir das gesagt zu haben: Du bist die Liebe meines Lebens!

Am Morgen esse ich nicht weil ich an dich denke.
Am Mittag esse ich nicht weil ich an dich denke.
Am Abend esse ich nicht weil ich an dich denke.
In der Nacht kann ich nicht schlafen weil ich hunger habe.

Ich liebe dich heute mehr als gestern doch weniger wie morgen.

Doktor Rat: Mache regelmäßig Frühstück, dringe viel Wasser, nimm Vitamin C und schicke mir dreimal täglich eine SMS!

Gott schickt seine Engel jeden Tag um uns zu führen. Wir haben nicht erwartet sie mit Flügeln zu sehen, oder mit Heiligenschein über Ihren Köpfen. Anstatt dessen kommen sie verkleidet und wir rufen sie Freunde.
Danke dass du wie ein Engel für mich bist.

Alleine? Nein, wie kann ich alleine sein wenn du immer in meinen Gedanken bist.
Ich wache mit dir auf und gehe mit dir schlafen.

Ich liebe dich!!!

Das Leben kann hart sein und ist nicht immer lustig.
Aber so wie die Nacht die Dunkelheit bringt, bringt der
Morgen die Sonne.
Wenn das Leben robust ist und es aussieht als würde sich
niemand darum kümmern.
Ruf mich an denn ich bin immer für dich da.

Jeder von uns hat seine eigenen engste doch früher oder
später müssen wir uns ihnen stellen.
Es brauch eine menge sie zu überstehen.
Habe keine angst dich deinen engsten zu stellen.
Mach weiter, nimm ein Bad!

Wenn mein Tag zu Ende geht ohne das ich Gute Nacht
sage, fühle ich mich leer, so wünsche ich bevor ich gehe
eine Süße Nacht mit einem Gebet von meinem Herzen, das
dich warm hält bis zum Morgengrauen.

Tage sind zu beschäftigt, Stunden sind zu wenig, Sekunden
sind zu schnell aber ich werde immer Zeit dazu haben Hallo
zu jemanden wie dir zu sagen. Lächle und Genieße dein
Leben.

Ich bin vor ein paar Stunden aufgewacht, aber irgendwie
fühle ich mich nicht Komplett denn mir ist eingefallen
das ich dir noch keine SMS geschickt habe. Habe einen
gesegneten Morgen und einen Tag mit vielen Küssen!

Wir haben eine seltsame und einzigartige
Freundschaft.
Du-seltsam!
Ich-einzigartig!
He! He! He!!!!
Lächle mein Freund es ist ein schöner Tag.

Nachts

Nachts

Engel sind da um dich zu leiten und dich zu beschützen, was auch immer du tust.
Heute Nacht werden sie dich an einen Ort bringen wo deine Träume wahr werden können!

Mein Tag könnte nicht vorüber gehen wenn da noch etwas zu tun wäre.
Ich könnte jetzt nicht schlafen ohne dir gesagt zu haben dass ich dich liebe.

Du bist vielleicht aus dem Sehvermögen, aber nicht aus meinem Herzen.
Du bist vielleicht aus meiner Reichweite, aber nicht aus meinen Gedanken.
Ich bedeute dir vielleicht nichts, aber du wirst immer etwas Besonderes für mich sein.

Wenn ich meine Augen schließe sehe ich dich! Träume einen Traum heute Nacht wenn du schläfst. Lächle ein Lächeln morgen das du behältst. Lass alle deine Wünsche und Träume in Erfüllung gehen denn ich könnte keinen besseren Freund wie dich finden!

Wenn die Nacht kommt, schau in den Himmel. Wenn du einen fallenden Stern siehst, wundere dich nicht warum, wünsch dir was, und dein Traum wird wahr werden.

Warum schlafen wir? Denn wir brauchen eine Pause von

den gegenseitigen Nachrichten schreiben.
Habe einen schönen Tag während du SMS verschickst.

Du bist der Grund meiner schlaflosen Nächte,
du bist der Grund warum ich meine Kissen fest halte,
ich denke an dich wenn ich mich in der Nacht hinlege,
du bist der Grund warum ich schreie " oh mami ooh ah aha
ha!

Träume werden vergessen, Realität wird gelebt, Wünsche
werden erfüllt, das Schicksal wird erreicht. Wo es begonnen
hat, wo es aufhören wird, Freunde vom Anfang, Freunde für
immer.

Mein Tag könnte nicht vorüber gehen wenn da noch etwas
zu tun wäre.
Ich könnte jetzt nicht schlafen ohne dir gesagt zu haben
dass ich dich liebe.

Letzte Nacht habe ich einen Engel geschickt auf dich
aufzupassen während du schliefst.
Aber er kahmt früh zurück!
Ich fragte warum?
Er sagte das Engel nicht auf andere Engel aufpassen müssen.
Warum hast du mir nicht gesagt dass du ein Engel bist??

Was Frauen über Sex denken?
Mit 8 Jahren ignoriere es
mit 18 erlebe es
mit 28 suche es
mit 38 frage danach

mit 48 Kampf dafür
mit 58 bezahle dafür
mit 68 bete dafür
mit 78 vergiss es! Ich möchte es heute Nacht nicht;-)

Träume einen Traum heute Nacht wenn du schläfst, lächle
ein Lächeln morgen das du behältst, lass alle deine Träume
und Wünsche wahr werden denn ich werde keinen besseren
Freund finden als dich.

Weißt du dass die dunkelste Stunde die Stunde vor dem
Sonnenaufgang ist??
Wenn du fühlst dass du in deinem dunkelsten Moment bist,
erinnere dich, du bist nur einen Moment vom
Sonnenaufgang entfernt.

Herzschmerz

Herzschmerz

Ein Freund ist ein Stoß wenn du stehen bleibst,
ein Geplauder wenn du einsam bist,
ein Führer wenn du auf der Suche bist,
ein Lächeln wenn du traurig bist,
ein Lied wenn du froh bist!

Ich hasse es zu lächeln nur um zu zeigen das ich nicht
verletzt bin.
Ich hasse es zu kichern um zu zeigen dass ich OK bin.
Ich hasse es zu lachen wenn ich danach weinen werde.
Ich liebe dich noch immer, doch du sagtest Tschüß.......

Sei vorsichtig wenn jemand dir erzählt dass er dich von
ganzem Herzen liebt, denn das kann bedeuten dass er da
noch genug Platz für jemanden anderen hat:

Wenn du fühlst das dich niemand liebt, sich niemand um
dich kümmert,
wenn alles was du tun kannst weinen und weg laufen ist weil
jeder gegen dich ist,
dann bist du das schwächste Glied. Tschüß!

Es gab Zeiten in denen du mich zum weinen
brachtest...Schauend für den Grund warum.
Es gab Zeiten in denen du mich zum Fliegen
brachtest...Bleib bei mir bis ich sterbe.....Bleib bei mir....

Ich habe gelernt das eine Stunde, 60 Minuten beträgt und
eine Minute, 60 Sekunden,

Aber niemand hat mir gesagt das eine Sekunde ohne dich
ein ganzes Leben sein können.

Man sagt Freunde sind wie Belohnungen.
Je mehr gutes du tust deso mehr Freunde wirst du haben.
Jetzt wundere ich mich darüber dass ich auch wenn ich
nichts Gutes tue die beste Belohnung habe. Nämlich dich.

Dich zu vergessen ist schwer und mich zu vergessen liegt
allein bei dir,
Vergiß mich nicht, vergiß mich nie.
Vergesse diese SMS, aber nicht den Absender. Vermisse
dich!

Der erste Moment an dem ich dich das erste Mal sah hattest
du mein Herz gewärmt.
Das zweite Mal machtest du kleine Flammen und jetzt lässt
du mein Herz brennen wie die Hölle!

Der Geruch einer Frau sollte bei dir sein.
Der Geruch eines Mannes kommt zu dir wie du zu ihm
gehst.
Er lässt dich mit nur einer Erinnerung, nicht mit
Kopfschmerzen.
Für immer und ewig, Amen!

Der Himmel ohne Sterne: wie schlafen ohne Träume.
Wie Lieder ohne Musik,
wie Rosen ohne Geruch,
wie Gesichter ohne Lächeln,

wie ich ohne dich! :-) :-)

Die Rechnung der Freundschaft:
1 Tasse des Teilens,
2 Tassen der Sorge,
3 Tassen des vergebens und der Umarmung.
Vermische alle diese Dinge zusammen und mache Freunde
für immer.

Um diese Leben zu leben benötige ich einen Herzschlag.
Um einen Herzschlag zu haben brauche ich ein Herz.
Um ein Herz zu haben muss ich Glücklich sein.
Um Glücklich zu sein brauche ich dich.

Morgen ist ein anderer Tag.
Ein Tag den ich lieber mit dir verbringen würde... ohne dich
gibt es keine Freude, nur schmerzen!

Die Dinge die du liebst wirst du eines Tages verlieren,
den Dingen vor denen du Angst hast wirst du dich eines
Tages stellen,
mache was du machen musst und genieße jeden Moment
den das Leben ist zu kurz, so sei Glücklich!

Die, die Angst haben zu fallen, werden nie fliegen.
Was wirst du tun wenn die einzigste Person die dich
aufhören lässt zu weinen,
die Person ist die dich zu erst zum weinen brachte?

Tränen in meinen Augen.....
Tränen für dich....
Tränen die bemerken wie sehr ich dich liebe!

Zeit ist zu langsam für die, die warten,
zu schnell für die, die Angst haben,
zu lang für die, die trauern,
zu kurz für die, die genießen,
aber für die, die lieben, ist die Zeit ewig!

Das Geheimnis des Lebens ist nicht zur zu leben aber etwas
zu haben das es Wert ist zu leben.

Die Schönheit des Lebens hängt nicht davon ab wie
Glücklich du bist,
sondern wie glücklich andere seien können... wegen dir.

Einige gebrochene Herzen werden sich nie erholen,
einige Erinnerungen werde nie vergehen,
einige Tränen werden nie trocknen doch meine Liebe für
dich wird niemals sterben.

Eine Pistole kann jemanden töten.
Feuer jemanden verbrennen.
Wind kühlt.
Zorn kann toben, bis es dich zerreißt.
Aber die kraft deines Lächelns kann gefrorene Herzen
heilen.

Ich dachte immer jemanden zu lieben wäre das größte
Gefühl aber ich habe gerade festgestellt das es besser ist
einen Freund zu lieben.
Wir verlieren Menschen die wir leiben aber wir verlieren nie
wahre Freunde.

Sind wir Freunde oder nicht?
Du hast es mir mal gesagt aber ich habe es vergessen.
Von allen Kameraden die ich jemals traf, bist du der den ich
nie vergessen werde.
Und wenn ich vor dir sterben sollte werde ich im Himmel
auf dich warten!

Ein Mann sollte seine Freunde in einer beständigen
Reparatur halten. Es ist nicht so schwer für einen Freund zu
sterben wie einen Freund zu finden der es Wert ist das man
für Ihn stirbt.

Sage nicht wir wären nicht für einander geschaffen, so wie
ich das sehe, sind wir für niemanden sonst gemacht.

Jede Träne ist kostbar, also vergewissere dich bevor du eine
vergisst, ob es das Wert ist. Du kannst sie nicht wieder
aufheben und sie zurück in dein Auge setzten. Liebe
weiße!!!

Freundschaft ist wie in die Hose zu machen,
jeder kann es sehen,
aber nur du kannst die warme Wärme davon spüren.
Vielen Dank, das du das Pipi in meiner Hose bist.

Das erste Mal als ich dich sah war ich ängstlich dich
anzufassen.
Das erste Mal als ich dich anfasste war ich ängstlich dich zu
küssen.
Das erste Mal als ich dich küsste war ich ängstlich dich zu
lieben.
Doch jetzt wo ich dich liebe habe ich Angst dich zu
verlieren.

Der Himmel ist der Ort an dem ich sein werde, an dem Tag
an dem du aufhörst mich zu lieben.

Glück findet man nicht irgendwo. Wir sind es die es
machen. Es liegt in unseren Herzen und ruht in unserer
Seele. Hoffentlich hast du es immer!

Wie kann es sein das ich zugleich traurig und glücklich bin
es ist weil ich weiß das du vor morgen nicht zurück bist!

Dich zu lieben kann mir mein Leben nehmen.
Doch schau ich in deine Augen weiß ich dass du es Wert
bist!

Lass den der dich zum weinen bringt gehen.
Lass den der dein Herz bricht gehen.
Lass den der dir so viel Schmerz bereitet hat gehen.
Aber lass mich niemals gehen den ich werde dich nie zum
weinen bringen.

Das Leben besteht aus Sonnenschein und Regen, Tränen und Gelächter, Vergnügen und Schmerzen. Erinnere dich, es gab nie eine Wolke durch die die Sonne nicht scheinen konnte.

Das Leben hat viele Möglichkeiten.
Wenn du nicht gut seien kannst, sei nicht zu schlecht.
Wenn du nicht total Glücklich seien kannst, sei nicht komplett traurig.
Genisse dein Leben und sei froh das du mich hast.

Das Leben gibt dir einhundert Gründe zu weinen, aber du gibst dem Leben tausend Gründe zu lächeln.

Ein unbedachtes Wort kann Streit auslösen,
ein grausames Wort kann Leben zerstören,
ein zeitliches Wort kann Spannungen umlegen,
aber ein liebes Wort von dir kann meine Seele heilen und mich segnen.

Ein lächeln lässt uns jünger aussehen während ein Gebet uns stärker macht......
Und Freunde????
Die lassen uns unser Leben für immer genießen.
Du bist mein Freund!

Ein einfacher guter Abend wird ein besonderer Gruß wenn jemand es so lieb und herzlich gibt......
weil es für mich eine wunderbare Bedeutung hat....
Gib auf dich acht!

Schicke mir eine SMS wenn du glücklich bist, wenn du
traurig bist, wenn du verletzt bist, wenn du dankbar
bist...denn ich bin dein SMS Freund zu jeder Zeit, gut oder
schlecht... Pass auf dich auf!

Irgendwann, werde ich weit weg von dir sein, aber dieses
Verspreche ich dir,
ich werde dich nie vergessen!
Was auch immer passiert, du bist immer in meinem Herzen!

Irgendwann wirst du deine Haare verlieren, deine Zähne,
dein Aussehen oder sogar deinen Verstand.
Aber es gibt etwas das du nie verlieren wirst. MICH! Denn
ich werde immer dein Freund sein.

Zwischen den Meilen und zwischen den Jahren ist es
unvermeidlich aber wahr das Dinge und Menschen sich
verändern doch mein Herz immer dir gehört.

Ein Lächeln ist eine Kurve, die alles gerade biegt und Falten
wegwischt.
Ich hoffe du bekommst und teilst heute all dein Lächeln.
Hier ist eines von mir!:-)

Während ich auf deine Schönheit starre, denke ich bei mir,
ich habe niemals einen solchen Engel so tief fliegen sehen!

Ein Lächeln ist ein Weg deine Gedanken in dein Gesicht zu

schreiben, den Anderen zu sagen, dass sie angenommen, gemocht und geschätzt werden.
Also hier ist ein großes Lächeln nur für dich!!!!

So lange die Sterne am Himmel funkeln, so lange die Engel dort oben sind, bis das Wasser verdunstet und bis zu dem Tag an dem ich sterbe! X

Ein Freund ist etwas Gutes wenn er neu ist.
Und es ist gut wenn er wahr ist.
Aber weißt du was?????
Es ist besser, wenn du es bist!!!!

Ein Freund ist wie ein Buch das gelesen werden muss um seine Schönheit zu schätzen.
Zum Beispiel!
Du bist eines der besten Bücher die je gelesen wurden.
Ich wünschte du würdest nach gedruckt werden.

Ein Freund gibt Hoffnung wenn das Leben schwer ist.
Ein Freund ist ein Ort an den du gehen kannst.
Ein Freund ist ehrlich, ein Freund ist wahr.
Ein Freund ist kostbar.
Ein Freund bist du!!!!

Ein guter Freund ist wie ein Computer.
Betritt dein Leben.
Speichert dich im Herzen.
Formatiert deine Probleme.
Verschiebt dich in gute Gelegenheiten,

und löscht dich niemals aus seinem Herzen.

Ein guter Freund ist wie ein guter BH!!!
Schwer zu finden.
Bequem.
Stützend.
Verhindert dein fallen.
Hält dich fest, und ist immer nah an deinem Herzen.
Du bist mein BH!!!!

Während wir uns verändern und auseinander leben halten
schöne Momente nicht lang, außer in unseren Erinnerungen.
Ich werde dich immer tief in meinem Herzen schätzen!

Von all deinen Freunden sorge ich mich am meisten,
von all deinen Freunden liebe ich dich am meisten,
von all deinen Freunden hast du mich am meisten verletzt,
denn ich weiß das einzigste was ich für dich bin ist: unter
deinen Freunden!

Ein Zuckerguss macht den Kuchen so süß,
ein Seil lässt den Ballon so hoch steigen,
ein Streichholz macht die Kerze so hell.
Ich hoffe dass eine SMS von mir dich Lächeln lässt.
Wie geht es dir??

Ein Telefon ist eine Kommunikation,
ein Kuss ist eine Form der Zuneigung,
ein Bild ist eine Form von Erinnerungen,
und mich als einen Freund zu wählen ist eine Form des

guten Geschmacks!

Deine Liebe....!
Irgendwann wirst du deine Haare verlieren,
du wirst deine Zähne verlieren,
dein Geld und vielleicht verlierst du deinen Verstand.
Aber eines wirst du niemals verlieren, dein gutes Aussehen,
denn du kannst nichts verlieren das du nicht hast!
Ich vermisse dich!

Was Briefe vermissen im H_z?
"ER" oder "SCHM"?
Nimm das ER und du bekommst ein Herz!
Nimm das SCHM und du bekommst Schmerz!
Ich würde das SCHM nehmen, denn es ist besser schmerz zu
haben wie ein Herz ohne dich!

Wenn es weh tut zurück zu schauen und du Angst hast nach
vorne zu sehen,
schau nur zur Seite und ich werde da sein.

Wenn du jemanden willst der nie dein seien wird, wird dir
das nur schmerzen bereiten,
das ist der Grund warum du vorsichtig seien solltest wenn
du Sehnsucht nach jemandem hast.

Warum verletzen wir immer die Person die uns liebt,
und lieben immer die Person die uns verletzt..... Ich Liebe

dich

Warum vermisse ich dich?
Weil du mich zu Lächeln bringst.
Du bist so nett
Du bist so süß.
Du bist sehr lustig.
Und am meisten weil du mir keine SMS mehr schickst. Das
ist warum.

Wir können nie sagen wie weit unsere Freundschaft geht,
wie lange wir Freunde bleiben.
Alles was ich weiß ist das auch wenn du mich nicht sehen
willst, du immer besonderst für mich seien wirst.

Warum fallen Vögel vom Himmel immer wen du vorbei
gehst?
Warum fallen Sterne vom Himmel?
Weil sie genau wie ich nah bei dir seien wollen!

Viele Leute kommen und gehen in deinem Leben. Aber nur
wahre Freunde hinterlassen Fußabdrücke in deinem Herzen.
Du hinterlässt deine in meinem. Aha

Ein Teil von dir ist in mir,
und so siehst du,
es heißt ist ich und du,
für immer,
und nie getrennt,

vielleicht in Entfernung aber nie im Herzen.

Sind das deine Augen?
Ich habe sie zwischen meinen Brüsten gefunden!

Ein Schmetterling braucht seine Flügel,
ein Eisbär braucht kaltes Wetter und ich......... Ich brauche
dich!

Ein Kuss erzählt eine Seltenheit, eine erste Ausgabe!

A B C E F G H I J K L M N O P Q R S T U V W X Y Z
Oopz! Ich vermisse D...

Ein nettes HALLO kommt nicht von den Lippen, es kommt
vom Herzen,
es muss nicht gesagt werden, es muss gezeigt werden,
also bitte schreibe mir zurück, ich warte immer noch darauf.

Ein Kuss kann ein Komma sein, ein Fragezeichen, ein
Doppelpunkt oder ein Ausrufezeichen.
Also wage es nicht mich zu küssen weil ich verrückt werden
könnte.

Ein richtiger Freund geht nicht nur mit dir dahin wo du hin
gehst, sondern erinnert dich daran, egal wie beschäftigt er
auch ist, dir Zeit zu nehmen, HALLO FREUND, zu sagen.

Ein besonderer Freund von mir,

in meinem Herzen immer mehr,
dich mit einem frohen Lächeln zu sehen macht mein Leben
lebenswert,
warm und fürsorglich sind deine Gefühle, da brauch ich
nicht fragen,
ich bin froh einen Freund wie dich zu haben!

Während ich in meinem bett liege doch nicht um zu
schlafen,
plagen mich eine menge Fragen,
wie,
warum liebe ich dich wie ich's tu?
Dann begreife ich's,
denn du bist du!

Während wir älter werden erinnern wir uns an die Zeiten die
wir zusammen hatten.
Und wie sich unser Leben auch verändert hat, komme was
wolle, werden wir für immer Freunde sein.

Eines Tages wirst du mich fragen: Was bedeutet dir mehr,
ich oder dein Leben?
Ich werde sagen: mein Leben und du wirst gehen ohne zu
wissen das du mein Leben bist.

Von all den Freunden die ich je getroffen habe bist du der
den ich nie vergessen werde.
Und wenn ich vor dir sterben sollte werde ich im Himmel
auf dich warten.

Ein Maß der Freundschaft besteht nicht in der Anzahl der
Wörter über die Freunde diskutieren aber in der Anzahl der
Wörter die sie nicht erwähnen.

Ein Lächeln ist eine Sprache die auch ein Baby versteht.
Es kostet nichts aber es ermöglichst vieles.
Es geschieht wie ein Blitz aber die Erinnerung daran kann
ewig dauern.
Behalte dein Lächeln!

Ein besonderes Lächeln, ein besonderes Gesicht.
Ein besonderer Jemand den man nicht ersetzen kann.
Ich Liebe dich,
ich werde es immer tun, du hast einen Platz gefüllt denn
niemand sonst füllen kann.

Eine Kerze kann ein ganzes Zimmer erleuchten.
Ein wahrer Freund erleuchtet ein ganzes Leben.
Danke, für die hellen Lichter deiner Freundschaft.

Erinnere mich daran dass ein treues Mädchen schwer zu
finden ist, das ist wahr!
So ersetze alte Freunde nicht durch neue!

Beziehungen sind wie Straßenschilder! 1. Weg, 2. Weg.
Nicht herein treten. Keine Umdrehung. Keine linke
Drehung. Aber das wichtigste ist: Gib Weg frei und bleib
richtig!

Erinnere dich- du bist es wert, nicht für das was du bis aber
für das was andere durch dich geworden sind. Wünsch dir
das Beste!

Werde nie müde anderen kleine Freuden zu bereiten denn
manchmal können diese anderen viel bedeuten. Deshalb
werde ich nie müde dir ein kleines HI zu schicken!

Niemand lehrte den Fische zu schwimmen, den Vögeln zu
fliegen, den Kühen zu muhen, den Hunden zu bellen. sie tun
es einfach und niemand lehrte mir mich an dich zu erinnern
ich mache es einfach.

Egal wie traurig, egal wie krank, ich fühle mich besser wenn
ich an dich denke
Aber ich bin noch glücklicher wenn ich dir eine Nachricht
schicke, denn dann weiß ich dass ich dich stören werde.

Unsere Freundschaft bedeutet mir sehr viel, wenn wir die
letzten Menschen auf einem sinkenden Schiff wären und es
nur eine Rettungsweste gäbe würde ich. mmhhaheh ich
würde dich sicher vermissen.

Ein Baum ist der Anfang eines Waldes.
Ein Lächeln ist der Anfang einer Freundschaft.
Eine Berührung zeigt deine Sorge.
Ein Freund kann dein Leben lebenswert machen.
Das bist DU!!!

Liebe

Liebe

Wenn du so schnell rennst um irgendwo hin zu kommen,
verlierst du den Spaß anzukommen.
Das Leben ist kein Rennen, also geh es langsam an.
Hör die Musik bevor das Lied zu Ende ist.

Manche Gedanken bleiben besser ungesagt,
manche Gefühle behält man besser für sich,
denn Liebe hat ihren eigenen Weg sich auszudrücken trotz
der Ruhe.

Als du geboren bist hast du geweint und jeder um dich
Lächelte.
Leben dein Leben so das wenn du stirbst du derjenige bist
der Lächelt und jeder um dich weint.

Menschen sind Kinder.
Leben ist Liebe.
Und du bist Sonnenschein.

Einige Menschen suchen sich Freunde aus die ehrlich und
mitfühlend sind.
Einige ziehen die vor die Klever sind und gut aussehen.
Ich wundere mich was du gefüllt hast als du mich das erste
Mal getroffen und ausgesucht hast.
Millionen Küsse und Rosen für dich alleine.

Manchmal vergesse ich "HI" oder " HALLO" zu sagen und
manchmal verpasse ich es zu antworten,
aber das heißt nicht dass ich dich vergessen habe.
Du bist immer in meinen Gedanken.

Manchmal möchte ich aus mir raus schießen um der ganzen
Welt zu zeigen wie glücklich ich bin,
doch ich bin ruhig denn die Welt könnte dich mir ja
wegnehmen.

Manchmal ist irgendwo jemand der von dir träumt und
lächelnd glaubt das an dich zu denken das Leben lebenswert
macht.
Also wen du dich einsam fühlst erinnere dich das es wahr ist
das jemand irgendwo an dich denkt.

Irgendwann wirst du deine Haare verlieren,
du wirst deine Zähne verlieren,
aber eines wirst du nie verlieren, dein gutes Aussehen denn
du kannst nichts verlieren was du nicht hast!
Ich vermisse dich!

Manche Freunde werden durch Zeit getrennt.
Manche werden durch Verschiedenheit getrennt.
Manche durch Entfernung,
manche durch Stolz.
Aber wie weit du auch immer von mir weg bist oder wie
verschieden wir auch sind du wirst immer ein Freund zu mir
sein.

Einige Freuden werde am besten in der Stille erklärt,
denn ein Lächeln ist mehr wie Gelächter.
Ich wurde gefragt ob ich meine Freundschaft zu dir genieße
und ich lächelte nur.

An manche Freunde erinnert man sich wegen ihrer Lächeln.
An manche Freunde erinnert man sich wegen ihres
Aussehens.
Aber an dich erinnert man sich weil es so schön ist sich an
dich zu erinnern. Pass auf dich auf!

Vieles los zu lassen heißt nicht dass man sich nicht mehr
kümmert.
Man lässt los um zu lernen das es noch etwas danach gibt.
Man lässt los um die Realität zu akzeptieren.
Man lässt los um mehr zu lieben denn man will nur das
Beste.

So oft sagen wir nicht "Ich liebe dich" weil wir Angst haben
jemanden zu verlieren, aber desto öfter verlieren wir sie weil
wir Angst haben "Ich liebe dich" zu sagen.

Lächle! Es lässt dich besser aussehen.
Bete! Es macht dich stark.
Liebe! Es lässt dich das Leben genießen.

Lächle in deiner Freizeit.
Lächle in Schmerzen.
Lächle wen ärger wie ein Regen fällt.

Lächle wen dich jemand verletzt hat, denn du weißt das
Lächeln der Anfang ist dein Gefühlsleben zu heilen.

Stoß runter wenn du mich vermisst
Das ist süß von dir, sehr süß.
Du kannst aufhören.
Du vermisst mich wirklich, he?! Ich dich auch!!!!

Menschen wie dich findet man nur einmal im Leben deshalb
möchte ich dass du auf dich aufpasst denn ich möchte nicht
ein leben lang nach jemanden wie dir suchen müssen.

Menschen verschwinden, Menschen sterben.
Menschen lachen, Menschen weinen.
Menschen geben auf, manche versuchen es.
Manche sagen HI, manche sagen Bye.
Andere vergesse, aber ich nicht!

Besonderer jemand zu jemandem dieser Art.
Aber die Liebe in mir ist wahr. Sie erschien an dem Tag als
ich dich traf.

Rote Rosen wachsen in meinem Herzen und sie werden nie
verwelken, denn sie erblühen jedes Mal wenn ich dein
Lächeln sehe, deine Stimme höre oder an dich denke!

Sie ärgerte mich bis ich ein ERICKSON wurde,
Saugte mich bis mein Gesicht ORANGE wurde, bis ich
meine Ladung von SEIMEN über ihre NOKIAS spritzte.

Danke dass du eine guten Krieg gekämpft hast.

Süß wie eine Rose,
hell wie ein Stern,
niedlich wie ein Kätzchen, so bist du.
Ein Bündel von Freude, Sonnenschein und Spaß, du bist
alles.
Ich liebe alles in einem.

Kleverer Mann + klevere Frau = Romantik
Kleverer Mann + dumme Frau = Schwangerschaft
Dummer Mann + klevere Frau = Affäre
Dummer Mann +Dumme Frau = Hochzeit!!!
Was bist du?

Silber und Gold habe ich nicht aber eine Rose und mein
Herz habe ich für dich denn du bist die Liebe meines
Lebens.

Rosen sind Rot, der Himmel ist blau, und jetzt wo ich dich
liebe ist die Welt mein!

Es gibt ein Geschenk das Gold nicht kaufen kann,
ein Segen der rein und wahr ist.
Das ist das Geschenk eines wundervollen Freundes wie der
Freund den ich in dir habe.

So viele Vögel flüstern nur über dich, du solltest einmal

zuhören dann würdest du wissen wie sehr ich dich liebe.

Es gibt Tausend Rosen auf dieser Welt,
auch wenn ich dir jede Rose geben würde, wäre es nicht
genug dir zu sagen wie sehr ich dich liebe.

Es gibt Zwei Lippen in meinem Garten,
es gibt Zwei Lippen im Park.
Aber nichts ist so schön wie wenn unsere Zwei Lippen sich
im Dunkeln treffen!
Du hast meine Liebe gewonnen und jetzt liebe ich dich.

Es gibt eine goldene Brücke die Freundschaft heißt, sie
überbrückt den Fluss der Zeit du lenkt Herzen zusammen
wenn diese getrennte Wege des Lebens gehen.

Es wurden Drei Engel vom Himmel geschickt,
einer um dich in allem was du tust zu begleiten,
der zweite um dich zu beschützen,
der dritte wurde geschickt um dir eine SMS zu schreiben.
Aha nämlich ich!

Man sagt Kinder sagen die Wahrheit aber bin ich auch ein
Kind wenn ich dir sage dass ich dich ungeheuer liebe?

Sie können Papier recyceln bis es wieder neu ist, Dosen,
Glas und Flaschen auch,
aber sie können keine andere Person recyceln so wunderbar
wie du! Nein! Nein! Nein!

Ich gebe dir mein Herz.
Beschütze es wie ich das getan habe.
Denn du hast jetzt zwei und ich keines!

Diese Nachricht hat kein Fett, kein Cholesterin und keine
Zusätze.
Sie ist ganz Natur, außer mit viel Zucker.
Aber sie kann nie so süß sein wie die Person die sie ließt.
Süße Küsse und Lächeln.

Die Welt ist so viel schöner mit dir!
Drei Wörter lassen mein Herz schneller schlagen,
drei Wörter lassen meine Beine Zittern,
drei Wörter machen mich verrückt,
drei Wörter: Ich liebe dich!

An dem Tag an dem ich sterbe,
wenn der Tot die Geburt ersetzt,
werde ich Engels Gesichter erkennen,
denn ich lebte mit einem auf der Erde. Mit dir!

Eine Rose spricht über Liebe, ruhig, in einer Sprache die nur
ein Herz versteht.

Der Himmel ist voll mit goldenen Sternen im Licht des
Mondes,
aber das meist schönste Licht sehe ich in deinen Augen...

Wörter sind leicht in der Sprache der Liebe!
Also Liebling, lass uns die Dinge leicht nehmen und über
Liebe reden.

Die Jahre kommen und die Jahre gehen,
aber mit jedem einzelnen werde ich immer wissen,
wie auch immer der Weg seien wird,
du wirst immer mein bester Freund sein.

Der Regen macht alle Dinge schön,
das Gras und die Blumen auch.
Aber wenn der Regen alle Dinge schön macht,
warum regnet es dan nicht auf dich?

Wörter sind voll mit Schönheit wenn das Herz voll mit
Liebe ist.
So beginne und ende deinen tag mit Liebe und einem
Lächeln in deinem Herzen.
Habe einen friedvollen Tag.

Winzige Sterne scheinen hell, es ist Zeit für mich Gute
Nacht zu sagen.
Also schließe deine Augen und decke dich eng zu,
ich wünsche dir schöne Träume heute Nacht!

Das Tor jeden Tag für uns ist gegenseitig unsere Herzen zu
berühren,
die Gedanken zu ermutigen und die Seele zu inspirieren.

Sei gesegnet und sei ein Segen zu anderen! Guten Tag!

Gestört zu sein von dem Klingeln deines Telefons heißt das
irgendwie, irgendwo, irgendwer an dich denkt, und in
diesem Moment, bin das ich.
Pass immer auf dich auf. Ich habe dich vermisst.

Für die ganze Welt bist die irgendjemand... aber für
irgendjemand bist du die ganze Welt.

Für die Welt kannst du eine Person sein aber für eine Person
die Welt.

Es ist besser du wirst gehasst für wer du bist wie geliebt zu
werden für was du nicht bist.

Einen guten Freund zu habe ist eines der größten Freuden
des Lebens.
Ein guter Freund zu sein ist eines der nobelsten und
schwersten Aufgaben.

Zeit und Entfernung ist wichtig zwischen Freunden.
Wenn ein Freund in deinem Herzen ist, bleibt er für immer
dort.
Ich kann beschäftigt sein, aber ich versichere die, du bist
immer in meinem Herzen!

Diese unschuldigen Augen......
Die Küssbahren Lippen....

Ein großartiges Lächeln...
Der perfekte Gang.....
Glattes Gespräch....
Absolut neugierig....
Das ist genug über mich. Wie stehst mit dir?

Es gibt fünf Gründe warum ich dir noch SMS schreibe:
1) Du lässt mich Willkommen fühlen   (ich versichere)
2) Du bringst mich zum Lächeln   (das ist wahr)
3) Du schätzt meine Gespräche   (hoffe ich)
4) Du verbringst Zeit damit meine Nachrichten zu lesen   (denke ich)
5) Ich vermisste dich   (das weißt du nicht)

Es gibt drei Schritte um glücklich zu sein:
1. Dich
2. Mich
3. Unsere Herzen für die Ewigkeit!

Das ich dich Liebe ist kein Wunder.
Aber das du dich um mich sorgst ist etwas ganz besonderes.

Gebäude verbrennen, Menschen sterben, aber wahre Liebe
ist für immer!

Durch folgen meines Herzens bin ich zu dir gekommen, ich
habe nur vergessen etwas mir zurückzunehmen. In meinen

Gedanken bin ich immer noch bei dir.

Sei gut zu deinen Kindern, denn sie sind diejenigen die
entscheiden werden wo du lebst wenn du alt bist.

Cherube sind Engel der Weißheit, Cupids sind Engel der
Liebe.
Ich weiß nicht wie man Engel der Freundschaft nennt, aber
du musst einer von Ihnen sein.

Kinder die draußen Autofahren spielen können Unfälle
verursachen, aber Erwachsene die drinnen Autofahren
spielen können bei einem Unfall Kinder verursachen, also
habe Spaß und fahre vorsichtig!

Schließe deine Augen und gehe schlafen.
Engel werden da sein über dich zu wachen.
Sind da Sorgen, bitte weine nicht.
Ich bin auf der anderen Seite, gib mir nur ein Licht, denn ich
warte auf dich.

Farben verwelken, die Sonne hört auf zu leuchten, der Mond
wird nicht mehr hell sein, Herzen hören auf zu schlagen,
Leben gehen vorüber, aber unsere Freundschaft, ich werde
sie schätzen, bist der Tag kommt an dem mein Herz aufhört
zu schlagen.

Sich zu sorgen ist der Hauptbestandteil der wahre
Freundschaft am leben hält trotz Trennung, Entfernung und
Zeit. Sich zu sorgen unterstützt Liebe. Da ich dich nicht

sehen kann, lass meine sorge mit dir sein, Freund!

Träume was du träumen willst, gehe wohin du gehen willst, sei was du seien willst, denn du hast nur ein Leben und nur eine Chance.
Zu alle Dinge die du machen willst im Leben.

Liebling, möchtest du nicht lächeln, wenn du nicht möchtest werde ich dich zum Süßigkeiten laden bringen dann wird dich nur noch der Zahnarzt zum lächeln bringen!

Lieber folgender SMS Freund, aufgrund Globe Line Probleme haben wir verspätete Kurzmitteilungen bekommen deshalb möchte ich schon jetzt Frohe Weihnachten wünschen.

Entfernung ist eines der Dinge die uns auseinander hält, aber du wirst immer in meinem Herzen sein.

Hast du dich je an den ersten Tag an dem wir uns trafen erinnert? An unser erstes Hallo? Den Tag an dem wir Freunde wurden?
Nun, ich schon, und ich werde mich immer erinnern, an diesen besonderen Tag, an dem ich wusste dass ich dich schätzen werde.

Runzle nicht die Stirn, du weißt nicht wer sich in dein Lächeln verliebt.

Ein Lächeln ist eine Kurve, klärend für eine menge Sachen.

Laufe nicht vor mir her, ich werde nicht folgen.
Laufe nicht hinter mir, ich werde nicht führen.
Laufe neben mir und sei mein Freund!

Alles an die ist Perfekt, deine Lippen, deine Haut, deine
Augen, dein Körper, PERFEKT!!
Du hast Glück so wunderschön geboren worden zu sein,
nicht wie ich, der geboren wurde um ein großer Liebhaber
zu sein.

Jede Nachricht ist wie ein Lächeln, jedes Wort ist wie ein
Kussaber wenn du mich berührst. Erinnere mich daran. ist
mein Leben erfüllt mit Glück!

Entschuldigung, könntest du mir die Richtung zeigen?
Zu meinem Herzen!
Ich glaube, es ist in dir!!!!

Alles im Leben ist vorläufig, denn alles ändert sich.
Das ist der Grund warum es viel Mut braucht zu lieben, zu
wissen es kann jederzeit vorbei sein.
Aber mit dem richtigen Glauben wird es immer halten.

Freunde sind Geschenke, eingewickelt in Bändern aus
Rücksichtsnahme und mit Beilagen aus Küssen und
Lächeln. Gegeben durch Gott, nicht nur für einen tag aber
für ein ganzes Leben lang.

Danke!

Freundschaft ist ein Geschenk das gerecht in allen Dingen
ist.
Es wurzelt von einem Herzen und verwickelt Erinnerungen,
die nicht eine Weile, aber ein ganzes Leben bleiben.

In 50 Jahren werde ich so alt sein das ich dich vielleicht
vergesse.
Ich könnte mich nicht erinnern dich je gekannt oder mich
um dich gekümmert zu haben.
Ich könnte es..... aber ich verspreche...... es nicht zu tun!

Freunde sind wie die Wände eines Hauses.
Manchmal halten sie dich, manchmal lehnst du dich an sie.
Aber manchmal ist es schon genug zu wissen, dass sie um
dich sind.

Blumen verwelken,
die Sonne geht unter,
du bist ein Freund denn ich niemals vergessen werde,
dein Name ist so kostbar und wird nie veralten, und ist in
meinem Herzen eingraviert in goldenen Buchstaben.

Freunde sind Engel die von oben kommen, geschickt durch
Gott für mich zu lieben,
also wenn du einsam und traurig bist,
erinnere dich,
ich bin da für dich!

Freundschaft ist ein Versprechen das im Herzen gemacht
wird....
Schweigsam...
Ungeschrieben....
Unzerbrechlich durch Entfernung....
Unverändert auf Zeit....
Pass auf dich auf, denn ich sorge mich um dich.

Freundschaft braucht keine tägliche Konversation, nicht
immer Zusammengehörigkeit.
Ebenso lang wie die Beziehung im Herzen, werden wahre
freunde nie auseinander gehen.

Freunde sind wie Mango....
Du kannst nie wissen welche süß und welche es nicht!
Nun! Ich habe Glück, denn ich fand die süßeste Mango in
dir!!!!

Freunde sind wie Sterne... du kannst sie zwar nicht immer
sehen aber du weißt das sie da sind. Ich werde immer für
dich da sein.

Fünf Gründe warum ich dir SMS schicke:
1. Du hast mich willkommen geheißen
2. Du bringst mich zum lachen
3. Du schätzt meine Gedanken
4. Du nimmst dir Zeit meine SMS zu lesen
5. Du lässt mich Liebe spüren!!!

Weit entfernt von hier, völlig unzugänglich, das ist wo du bist. Hier neben mir, in Reichweite, wo immer du hin gehst oder wann, du wirst immer in meiner nähe sein.

Sich zu verlieben ist wenn sie in deinen Armen einschläft und in deinen Träumen aufwacht!

Mädchen du bist Klever,
Mädchen du bist klug,
Mädchen du bist wie ein Kunstwerk,
Mädchen du bist sexy,
Mädchen du bist hübsch und wunderschön, das einzigste was du nicht bist,
ist mein!

Gott erschuf die Welt in sechs Tagen, doch er brauchte Jahrhunderte um jemanden dieser Art zu erschaffen, so reizend wie DU Wie geht es dir??

Ein großer Verstand enthält Ideen, Lösungen und Gründe. Wissenschaftlicher Verstand enthält Formeln, Theorien und Gestalten.
Mein Verstand enthält nur dich!

Gott hat uns 86,4000 wertvolle Sekunden jeden tag gegeben. Lass mich ein paar Sekunden dafür benutzen dir zu danken, mir das Geschenk gegeben zu haben, jemanden wie dich zu kennen.

Schatz, warum hat Gott dich vor mir erschaffen?
Weil er eine raue Skizze machen wollte bevor er das
Hauptstück erschuf.

Wie viel du mir bedeutest kann nie gesagt werden. Du bist
jemand über den man sprechen muss, so süß und wahr. Eins
von Einer Millionen, das bist DU!

Wie kannst du den Blättern verbieten zu fallen, wenn Wind
existiert?
Wie kannst du mir verbieten mich in dich zu verlieben,
wenn du existierst?

Glück findet Liebe durch liebe die gegeben wird als die, die
empfangen wird. So bin ich froh das ich dich gefunden
habe, wie ist das mit dir???

Der Himmel hat weniger Engel heute Nacht weil ich ein
paar geschickt habe um dich warm zu halten. Träume
schön!

Ich bin heute mit einem Lächeln aufgewacht als ich an
unsere Freundschaft gedacht hatte denn ich weiß das ich
auch nach ein paar Jahren aus dem selben Grund mit einem
Lächeln aufwachen werde. Eine Umarmung und all meine
Küsse an dich.

Ich hatte nie genug von diesem Leben und es war egal ob
ich zweimal gefallen bin denn ich wüsste jedes Mal wenn

ich falle wirst du mich nicht auf dem Boden knallen lassen.
Danke dass du da bist.

Ich werde dir nicht versprechen für immer dein Freund zu
sein, denn ich werde nicht so lange leben.
Aber lass mich dein Freund sein so lange ich lebe.

Ich habe deinen Namen in den Himmel geschrieben aber der
Wind hat ihn weg geweht.
Ich habe deinen Namen in Sand geschrieben aber das
Wasser hat ihn weg gespült.
Ich habe deinen Namen überall hin geschrieben! Was für
eine süße Maus wie du!!

Ich möchte dass du weißt dass mir unsere Freundschaft eine
menge bedeutet.
Du weinst, ich weine.
Du lachst, ich lache.
Du springst aus dem Fenster..... ich schaue runter und... ich
lache wieder!

Ich wollte dir all meine Liebe mit der Post schicken, doch
der Postmann sagte sie wäre zu groß!!!
Also bin ich immer noch hier und warte darauf von dir
geliebt zu werden.

Ich würde dich nur ein bisschen lieben wenn es möglich
wäre zu sagen wie sehr ich dich liebe! Kuss

Ich, der dich liebte und sich um dich kümmerte.

Du, die sich benahm als wäre ich nicht da.
Ich hatte dich aufgefangen wenn du gefallen bist.
Du, die das total ignorierte.
Ich, der sich kümmerte und bereit war zu warten.
Du liebst mich, doch jetzt ist es zu spät...

Ich wünschte ich wäre dein Leintuch,
ich wünschte ich wäre dein Bett,
ich wünschte ich wäre das Kissen unter deinem Kopf,
ich möchte ganz um dich sein,
ich möchte dich eng umarmen,
und der glückliche sein der deine Lippen küsst... gute Nacht!

Ich werde nicht versprechen dich für immer zu lieben,
aber ich werde dir eher die Wahrheit sagen wie dich zu
verletzten wegen meinen Versprechen das ich nicht gehalten
habe,
alles was ich dir sagen kann ist das ich dich über alles liebe
und ich hoffe das das immer so bleibt!

Ich möchte dich auf eine Hochzeit einladen.
Es ist ein Tag von dem ich schon mein ganzes leben lang
träume.
Bitte, komme, du musst auch kein Geschenk mitbringen.
Das einzigste was du musst ist den Gang entlang laufen und
sagen, "ich will!"

Ich laufe allein durch des Lebens dunkle Nacht, du bist
meine Kerze, du bist mein Leuchtendes Licht!

Ich würde den höchsten Berg besteigen.
Ich würde durch das tiefste Meer schwimmen.
Ich würde alles dafür tun, mein Schatz, um von dir weg zu kommen.

Als ich heute Morgen aufgewacht bin ist mein Engel lächelnd zu mir gekommen und sagte", Was ist dein Wunsch heute?"
Ich wartete eine weile dann sagte ich ihm dass er sich nicht um mich sorgen soll aber er soll auf dich aufpassen.

Ich würde gerne eine Träne sein,
geboren in deinen Augen,
über deine Wange laufen,
auf deinen Lippen trocknen.

Wenn ich die Zeit zurück drehen könnte würde ich sie so weit zurück drehen bis zu dem Tag an dem wir uns das erste mal begegneten,
denn da wären eine menge Wörter die ungesagt und ungetan geblieben sind, den in diesem Moment würde ich mir wünschen dich nie getroffen zu haben!!!!

Wenn ich ein Wörterbuch wäre: Niedlich=Du, Süß=Du, Rücksichtsvoll=Du, Gutausehend=Du, Neugierig=Du, Lügner=Ich!

Ich bat Gott um eine Blume, er gab mir einen Garten.
Ich bat Gott um einen Baum, er gab mir einen Wald.

Ich bat Gott um einen Fluss, er gab mir ein Meer.
Ich bat Gott um einen Engel, er gab mir dich.

Ich kann keine Rosen über eine SMS schicken oder ein Fax
von meinem Herzen.
Ich würde dir Küsse über eine Email schicken doch wir
wären immer noch getrennt.

Ich liebe dich über alles und ich wünschte du würdest sehen
wie sehr ich mich um dich bemühe denn du bedeutest die
Welt für mich.

In deiner dunkelsten Stunde wenn du dich müde und kaputt
fühlst erinnere dich nur daran:" Ich bin immer für dich da!"

Ich bin kein Engel und kann dein Schicksal nicht verändern.
Aber ich würde alles für einen Freund wie dich tun." Du bist
ein Freund mit einem Herz aus Gold!!"

Ich weiß du denkst du hättest mein Herz gebrochen aber ich
kannte dein Spiel schon von Anfang an.

Ich verstecke meine Tränen wenn ich deinen Namen sage
aber der Schmerz in meinem Herzen bleibt,
es sieht aus als würde ich lächeln und als wäre ich frei, doch
es gibt niemanden der dich so vermisst wie ich.

Ich vermisse dich wenn du weg bist.

Ich denke an dich Tag und Nacht.
Auch wen wir nicht zusammen sein können,
werde ich dich für immer vermissen.

Ich habe dich einmal geliebt, doch du mich nicht.
Ich liebte dich ein Zweites mal, doch du hast es vergessen.
Du hast mich nie geliebt und du wirst es nicht,
doch ich liebe dich noch immer.

Ich möchte dich nicht mehr sehen.
Ich möchte nicht mehr mit dir sprechen.
Ich möchte die Welt "DICH" nicht mehr.
Denn wenn ich möchte,
weiß ich es würde mich nur verletzen, du fühlst nicht
dasselbe wie ich.

Ich habe mich in dich verliebt, doch du lässt mich warten.
Ich habe mich in dich verliebt, werde nicht aufgeben.
Mein Herz sagt Ja, doch mein Verstand sagt Nein.

Ich habe meinen Verstand um an dich zu denken,
ich habe meine Hände um dich fest zu halten,
ich habe mein Herz das sagt ich liebe dich,
du hast mein Wort das ich dich liebe,
doch ich habe dich nicht um dich mein zu nennen.

Ich kann dir nicht zeigen dass ich dich liebe, denn die Zeit
wird dir zeigen dass ich dich liebe.

Ich habe nie erwartet der wichtigste Mensch in deinem
Leben zu sein.
Das wäre zu viel verlangt......aber ich hoffe das die Zeit
kommt in der ich dein Herz erreiche,
und ich werde lächeln,
zu wissen dass ich dein Leben auf eine besondere Art
berührt habe.

In Gottes Zeit wirst du dich aus dem richtigen Grund
verlieben, in die richtige Person.
Und wen diese Zeit kommt.....wird es diese Liebe Wert sein,

die Tränen und den Schmerz, denn du wirst vergessen je
geweint zu haben.

Wenn mein Herz dabei ist für dich zu zerbrechen möchte ich
nicht das es in Zwei bricht.
Doch in Tausend Teile, denn dieses Herz wird niemals
jemand anderes lieben wie dich.

Wenn du alleine bist, bin ich dein Schatten.
Wenn du weinst, bin ich deine Schulter.
Wenn du eine Umarmung willst, bin ich dein Kissen.
Wenn du Glücklich bist, bin ich dein Lächeln.
Wenn du Geld brachst, warte auf deinen Lohn.

Was glaubst du würdest du sehen wenn du mein Herz öffnen
könntest?
DICH!
Wahre Freunde sind schwer zu finden deshalb habe ich dich

in meinem Herzen eingeschlossen.

Wenn dein Herz ein Gefängnis wäre, möchte ich auf
Lebenslänglich verurteilt werden.

Wenn du sagen musst das du mich liebst, dann weil ich es
hören möchte.
Wenn du sagen möchtest dass du mich liebst, dann weil du
möchtest dass ich es weiß.
Aber, zu sagen das du mich liebst fällt dir nicht schwer den
du tust es. Ich liebe dich auch.

Wenn du wie mein Kissen bist, bist du kuschelig.
Wenn du wie mein Handy bist, bist du Klever.
Wenn du wie Schokolade bist, bist du süß.
Wenn du wie ich bist, bist du gut gebaut, zum lieb haben
und niedlich.

Wenn du lebst um Hundert zu sein, möchte ich Hundert
minus Eins sein, so muss ich nicht einen Tag ohne dich
leben.

Wenn du denkst du verlierst jemanden, habe keine Angst,
denn wenn dich dieser Mensch wirklich liebt, wird diese
Person das Risiko auf sich nehmen dich wieder zu
bekommen.

Wenn ein Regentropfen bedeutet..... Ich liebe dich!
Und du fragst mich wie sehr ich dich liebe, wette ich mit dir

ich würde den ganzen Tag regnen.

Wenn ich sterbe und in den Himmel komme, schreibe ich
deinen Namen in einen goldenen Stern,
so dass alle Engel sehen wie viel du mir bedeutest!! Ich lieb
dich!!

Wenn ich sterbe oder weit weg bin,
schreibe ich deinen Namen in jeden Stern,
so kann jeder nach oben schauen und sehen dass du mir die
Welt bedeutest.

Wenn ich jedes Mal einen Cent bekommen würde wenn ich
an dich denke,
würde ich immer noch vermisse,
aber ich wäre Reich genug um dich zu sehen.

Wenn ich eine Rose bekommen würde für jedes Mal an wen
ich and ich denke, würde ich jeden Tag in einem
Rosengarten verbringen.
An dich denkend, Wörter egal wie speziell, könnten nie
ausdrücken wie viel Liebe ich in meinem Herzen für dich
habe.

Es muss geregnet haben an dem Tag an dem du geboren
bist,
aber es war kein richtiger Regen,
der Himmel hatte geweint weil er seinen schönsten Engel
verloren hat.

Wenn du eine träne wärst würde ich nie weinen aus Angst
dich zu verlieren.

Wenn die Welt aus Papier und das Meer aus Tinte gemacht
wäre, würde ich überall hin schreiben dass ich dich mag.

Ich liebe Zwei Dinge, Rosen und dich.
Eine Rose für eine kurze weile, aber dich für den Rest
meines Lebens.

Wenn ein großer, dicker Mann in dein Schlafzimmer
gekrochen kommt und dich in seinen Sack packt, wundere
dich nicht,
denn ich habe Nikolaus gesagt das ich mir dich an
Weihnachten wünsche.

Wenn du böse auf mich bist, musst du mir nur all meine
Küsse zurückgeben!

Wenn all meine Freunde von der Brücke springen wollten,
würde ich nicht mit Ihnen springen.
Ich würde auf dem Boden warten um dich auf zu fangen.

Wenn ich ein Engel wäre, würde ich dich beschützen, dir
meine Flügel leihen.
'über dich wachen, aber ich bin kein Engel wie du.
Deshalb wurde ich damit gesegnet mit dir zusammen zu

sein.

Möchtest du für einen Tag glücklich sein? Such dir eine
Verabredung.
Glücklich für eine Woche? Such dir einen Liebhaber.
Glücklich bis zum Ende? Bleib bei mir.

Wenn alle Menschen die wir lieben uns gestohlen würden,
wäre der einzigste Weg sie am leben zu erhalten, wenn wir
niemals aufhören Sie zu lieben

An einem Ort zusammen zu sein bestimmt nicht die
Zusammengehörigkeit wahrer Freundschaft,
aber der gegenseitige Wunsch ständiger Kommunikation ist
was diese Bindung zusammen hält.

Wenn ich irgendwann einen Moment nehmen und leuchten
lassen könnte, immer neu, von all den Tagen in denen ich
gelebt habe,
würde ich den Tag nehmen an dem ich dich das erste Mal
traf.

Wenn mich jemand fragen würde was ein schönes leben
bedeutet,
würde ich meinen Kopf an deine Schulter lehnen und dich
fest an mich drücken,
und mit einem lächeln antworten: " genau so!"

Wenn du eines Tages weinen musst, ruf mich an.
Ich kann dir nicht versprechen dich zum lachen zu bringen,
aber ich bin bereit mit dir zu weinen.

Es ist gut Geld zu haben und alles was man damit kaufen
kann, aber es ist auch gut ab und zu, zu prüfen das man das
was mit Geld nicht zu kaufen ist nicht verloren hat.

Wenn Freunde Blumen wären hätte ich dich sicher nicht
ausgesucht!
Ich würde dich im Garten wachsen lassen und dich mich um
dich kümmern und mit liebe überschütten,
so hätte ich dich für immer.

Wenn du alleine bist, bin ich dein Schatten.
Wenn du weinst, bin ich deine Schulter.
Wenn du eine Umarmung willst, bin ich dich dein Kissen.
Wenn du glücklich bist, bin ich dein Lächeln.
Wenn du Geld brachst, warte auf deinen Lohn.

Es bedeutet nichts wie nah oder weit wir heute sind, doch
was zählt ist, wie Wert wir uns schätzen im Herzen.
Für mich bist du ein Geschenk des Himmels, ein Freund,
wertvoller als alles andere.

Es ist nicht die Gegenwart eines Menschen die das Leben
lebenswert macht.
Aber die Art wie jemand dein Herz berührt ist das was
deinem Leben eine wunderschöne Bedeutung gibt.

Es sind nicht deine Träume die den Unterschied machen,
doch wie weit dein Vertrauen geht.
Nicht wie viel du erreichst, doch wie viele Leben du
berührst.
Danke dass du mein Leben berührt hast.

Wenn du glaubst dass du mich vermisst, denke nicht darüber
nach, sondern, versuche mit deinem Herzen zu fühlen und
du wirst herausfinden das du mich gar nicht wirklich
vermisst... denn du weißt genau dass ich dich nie verlassen
habe.

Wenn ich die Chance hätte einen Teil meines Lebens zu
ändern, würde ich nicht mit dir befreundet sein denn ich
möchte mehr als das. Also wäre es nicht schwer für mich dir
zu sagen dass ich dich liebe.

Es ist besser du verlierst deinen Stolz durch jemanden den
du liebst als jemanden den du liebst durch deinen unnötigen
Stolz zu verlieren.

Wenn ich über etwas das mich an dich errinnert nachdenken
müsste, dann wäre das wie du mein Herz berührt hast.
Doch es gibt nicht genügend Wörter dies auszudrücken,
Liebe berührt uns alle und wurde so ausgesprochen.

Es dauert nur eine Minute jemanden zu treffen,
eine Stunde jemanden zu mögen,
einen Tag jemanden zu lieben,

aber es dauert ein ganzes Leben jemanden zu vergessen.

Wenn es heißen würde, gutes aussehen kann töten,
dann schaue mich bitte nicht an,
ich will dich nicht sterben sehen.

Wenn Träume nicht Träume wären und Träume wahr
würden, dann würde ich nicht, dann wäre ich mit dir
zusammen.

Wenn die Zeit kommt wo ich dich nicht beachte, denke nicht
dass ich genug von dir habe oder mir langweilig mit dir
ist......
Ich denke nur an dich und frage mich wie ich jemanden wie
dich verdient habe.

Wenn ich etwas in dieser Welt seien könnte, wäre ich eine
Träne,
geboren in deinen Augen,
über deine Wangen laufend und auf deinen Lippen trocknen.
Küsse an dich.

Ich bat Gott um eine Blume, er gab mir einen Garten.
Ich bat Gott um einen Baum, er gab mir einen Wald.
Ich bat Gott um Zahlen, er gab mir deine Nummer.

Ich bat einen Engel über dich zu wachen, aber er kam früher
zurück als erwartet!
Ich fragte Ihn warum?
Er sagte:" Ein Engel braucht nicht über einen anderen Engel

zu wachen."

Ich bat meinen Schutzengel um einen Freund den Ich für
immer lieben kann.
Er gab mir dich.
So rief ich Ihn noch mal und fragte:" Wie habe ich diesen
Segen verdient?"

Ich bat Gott um eine Rose, er gab mir einen Garten.
Ich bat Gott um einen Tropfen Wasser, er gab mir das Meer.
Ich bat Gott um einen Engel, er gab mir dich.

Ich dachte immer jemanden zu lieben wäre das größte
Gefühl, aber ich bemerkte das es besser ist einen Freund zu
lieben.
Denn wir verlieren Menschen die wir lieben, doch wir
verlieren nie wahre Freunde.

Ich akzeptiere das ich nie der perfekte Freund seien werde.
Ich werde nicht immer da sein.
Manchmal werde ich dich nicht zum lachen bringen,
aber da ist etwas das ich weiß das ich tun kann.
Die Person zu sein die ich seien kann für dich.

Ich bin mir nicht sicher was das Leben dir geben wird.
Ich weiß nicht ob Träume wahr werden.
Ich weiß nicht was Liebe geben wird.
Aber ich weiß eines ganz genau, du bist niedlich.

Ich habe Angst zu sterben, nicht weil es weh tut oder weil
ich nicht weiß was passieren wird,
sondern weil ich im Himmel auf dich warten und enttäuscht
seien könnte.

Ich suche ein Wort.
Ich suche ein ganz neues Wort.
Ich suche ein Wort.
Ich suche ein Wort das niemand kennt.
Ich suche ein Wort das sagt... du bist der Beste!!!!!

Ich bin froh dass es bei Freundschaft keine Preisschilder
gibt.
Denn wenn es so wäre, wäre ich nicht in der Lage jemanden
wie dich zu bekommen.

Es tut mir leid dass ich dich bei der ersten Verabredung
geküsst habe.
Vergib mir ich wollte deinen Lippen nur ein Geheimnis
verraten!

Ich bin sicher dass du eine Menge Freunde hast und deine
Welt nicht zu Ende geht wenn ich nicht mehr da bin.
Aber ich möchte dass du weißt dass ich als Freund da sein
werde wenn du keinen anderen findest.

Ich denke an dich.
Ich möchte mit dir zusammen sein.
Ich sehne mich nach dir.
Ich möchte dich kennen lernen.

Ich möchte dich umarmen und küssen.
Ich habe mich in dich verliebt.

Es brauch Geduld mit einer Nörgelnden Frau zusammen zu
sein,
ein Vermögen mit einer Ehrgeizigen Frau,
vier Augen mit einer Schönen Frau.

Ich habe lange gebraucht dich zu finden.
Du bist jemand mit dem ich auch nach meinem Tot
zusammen sein will,
und wenn ich mich im Himmel wieder finde ohne deine
Hand zu halten......
werde ich dich wieder überall suchen.

Es braucht Zwei sich zu binden,
Zwei zum küssen,
Zwei zum reden und Lösungen zu finden.
Für so viele Dinge brauch man Zwei und eines dieser Dinge
sind du und ich.

Liebe hört auf Lust zu bereiten wenn es aufhört ein
Geheimnis zu sein.

Liebe ist wie ein Schmetterling.
Je mehr du ihn verfolgst, desto mehr entkommt er dir.
Aber wen du ihn fliegen lässt, kommt er zu dir wenn du es
nicht erwartest.

Lerne den Regenbogen zu schätzen nach dem du über den
Regen geflucht hast!
Es ist wie wieder zu Lieben nach dem du die Schmerzen
verarbeitet hast.

Liebe ist ein Krieg,
Leicht zu beginnen aber schwer zu beenden.
Schatz, Ich kann nicht aufhören dich zu lieben!

Liebe Bedeutet nicht die richtige Person zu finden aber die
richtige Beziehung zu führen.
Es zählt nicht wie viel Liebe du am Anfang hast, sondern
wie viel Liebe du bis zum Ende aufbauen kannst.

Liebe beginnt mit einem Lächeln,
wächst mit einem Kuss,
endet mit einer Träne.

Liebe ist hart und wird es immer sein,
doch dich daran zu erinnern das dich jemand liebt, und das
bin ich, macht dich stärker!

Liebe ist etwas wunderschönes, ein Schicksal, ein Gefühl
das jeder gerne haben möchte.
Liebe ist das Gefühl das dich lebendig macht.
Liebe ist etwas das niemals verschwindet!

Liebe ist so wunderschön wie die Zwei Menschen die sich
entscheiden es zu tun!

Liebe ist:
Schwer zu finden.
Leicht zu verlieren.
Hart zu vergessen.
Liebe bist Du! Und du bist meine Liebe!!!!!

Liebe ist: mit deinem besten Freund verheiratet zu sein.

Liebe....Ich möchte dich fest an mich drücken und unsere
Herzen als eins schlagen hören......für immer......, Amen

Lieb unter den Sternen.... sie scheinen sehr weit weg, aber
du bist so nah, der Stern den ich am meisten liebe.

Wie eine Rose Wasser braucht,
wie eine Saison unterschiede braucht,
wie ein Poet einen Stift braucht,
so brauche ich dich.

Hier ist eine Liste über die Dinge die ich nicht an dir mag:
1.
2.
3.
4.
5.
6.
7.
8.

9.
10.
11.
12.
Was soll ich sagen? " Ich Lieb alles an dir!"

Sehen nimmt Augen gefangen aber es ist die Persönlichkeit
die Herzen gefangen nimmt.
Ich habe beides, können wir uns bitte wieder sehen?

Gott sah dich hungrig so erschuf er das Essen.
Er sah dich durstig, so erschuf er das Wasser.
Er sah dich im dunkeln, so erschuf er das Licht.
Er sah dich alleine, so erschuf er mich.

Wie ein fallender Stern bist du in mein Leben gekommen.
Du brachtest mich zum lachen wenn Dinge falsch liefen.
Wenn Umarmungen Wasser wären, würde ich dir einen See
schicken, und für immer mit dir weg segeln.

Das Leben ist kurz wenn du nicht manchmal um dich
schaust kannst du den falschen Weg einschlagen.
Sei du selbst, da sind genug andere Menschen.

Das Leben ist ein Spiel,
manchmal gewinnst du, manchmal verlierst du.
Aber was auch immer deine Karte in diesem Leben ist, ob
Knüppel, Spaten, oder Diamanten, erinnere dich- spiele nie
ohne Herz.

Man sagt im Leben ist kommen und gehen. Manche
Menschen die du kennst werden nur kurze Zeit da sein.
Einige werden gehen, doch die dich mögen werden immer
einen Weg finden bei dir zu bleiben.

Männer sind wie Hunde, sie sind bescheuert, liebesfähig
folgen sie dir!
Aber wenn du sie nicht an der Leine hältst, laufen sie
entweder weg oder sie pinkeln dir ans Bein.

Liebling, Wörter egal wie groß, können dir nicht sagen wie
sehr ich dich Liebe.

Beginne jeden Tag mit einem voll geladenen Handy in
deiner Hand, begeisternde Nachrichten in deinem Kopf,
mich in deinem Herzen und einem klaren Signal den ganzen
Tag. Einen schönen Tag!

Meine größte Belohnung ist dein Lächeln, zu wissen dass du
glücklich bist, zu fühlen dass du geliebt wirst.
Ich weiß das Leben ist manchmal grausam, aber deshalb bin
ich hier, dir zu zeigen dass das Leben gut sein kann wenn
sich jemand um dich sorgt.

Eine Person zu schätzen ist nicht sie jeden Tag zu sehen.
Was am meisten zählt ist das irgendwie in unserem
beschäftigtem Leben,
wir uns gegenseitig an uns erinnern wenn wir sagen " Pass

auf dich auf".

Wenn du einen Traum in deinem Herzen findest, lass ihn niemals los.....
denn Träume sind die winzigsten Samen von dem das wunderschöne Morgen wächst.

Du wirst für alles fallen, manchmal ist es harter nein zu sagen wenn du eigentlich ja meinst.
Es ist hart deine Augen zu schließen wenn du eigentlich sehen willst.
Aber das härteste ist gehen zu lassen wenn du bleiben willst.

Wenn ein Herz das Schild der Liebe wäre, und Rot die Farbe.....
und wenn herumlaufen mit deinem Kopf in den Wolken meinen würde das jemand verliebt ist....
Warum zeichne ich eine blaue Linie und denke nur an dich?

Wenn ich denke, denke ich an dich.
Wenn ich schaue, schaue ich auf dich.
Ich bin verrückt nach dir, auch wenn es so aussieht als wäre ich abhängig.

Wenn die Dunkelheit sich in mir bewegt, ist es die Liebe von Menschen wie dir die mir erlaubt eine Niederlage zu haben und trotzdem zu wissen total Akzeptiert zu werden.

Wenn du verliebt bist, wünscht du dir du wärst verheiratet.
Wenn du verheiratet bist, wünscht du dir du wärst verliebt.
So jetzt wo ich in dich verliebt bin...?

Wenn jemand der total in dich verliebt ist dir sagt dass du
niedlich bist, schön und wie ein Engel, bin ich
einverstanden.
Das ist wahr, glaube mir, ich schwöre es.
Denn Liebe macht blind!

Vertraue mir, es wird wahr werden, denn ich habe es getan
und dich gefunden!

Wenn du dich verlassen und alleine fühlst,
versuche deine Augen nur für einen Moment zu schließen
und denke an mich.
Danach wirst du plötzlich lächeln und sagen, das ist lustig!

Wann immer ich Leute schlecht über dich reden höre,
zum Beispiel wenn sie sagen du wärst nicht niedlich genug,
werde ich dich immer verteidigen und sagen " Sie versuchen
nur so niedlich zu sein wie du!

Wenn du dich so sehr um jemanden kümmerst,
wirst jeden möglichen Weg finden in Kontakt mit der Person
zu bleiben.
Hoffe du bekommst diese Nachricht so dass du weißt dass
ich mich um dich kümmere.

Wenn ich Guten Morgen sage heißt dass ich an dich denke.
Wenn ich sage Paz auf dich auf heißt das ich mich
kümmere.

Wenn ich vermisse
(, „) Besondere Person, muss ich nicht weit gehen.
,$,
(",) Ich muß nur in mein Herz sehen, denn dort wirst du
immer sein.
,$,

Warum schließen wir unsere Augen während wir schlafen,
während wir weinen,
während wir uns vorstellen,
während wir küssen?
Denn die meist schönsten Dinge in diesem Leben bleiben
ungesehen.

Wir sind nicht so nah in der Entfernung.
Wir sind nicht so nah in den Meilen.
Doch Text Nachrichten können immer noch unser Herz
berühren....
Und Berührungen können uns Lächeln lassen!

Ich wünsche dir nicht nur ein Lächeln sonder ein Lachen,
nicht nur Glücklichkeit sonder Freude,
nicht nur das reichste sondern Reichtum und am meisten,
Liebe und Friede der Seele.

Wörter beginnen mit A, B, C.
Nummern beginnen mit 1,2,3.
Musik beginnt mit do,re,mi.
Und Freundschaft beginnt mit dir und mir!

Wo immer du hin gehst,
was immer du auch tust,
wann immer du wünschst dass meine Freundschaft bei dir
ist.
Egal wie weit,
ich bin immer nah,
wann immer du mich brauchst, ich bin immer für dich da....
Pass auf dich auf. Küsse und Rosen für dich.

Was ist der Unterschied zwischen Vergnügen und Folter?
Vergnügen heißt an dich denken und Folter heißt zu viel an
dich zu denken.
Jetzt werde ich gefoltert weil ich dich vermisse.

Was du als Wahrheit siehst,
was du als Lüge siehst,
erinnere dich das wahre Freundschaft niemals stirbt

Wo warst du bevor du in meinem Herz gezeltet hast????
Du hast ein Feuer entfacht und jetzt ist mein Herz mit
Flammen gefüllt!!!

Wecke mich auf wenn dein Herz Gesellschaft braucht.
Nimm meine Hand wenn du dich alleine fühlst.

Dreh dich zu mir wenn du jemanden zum anlehnen brauchst
denn bis die Zeit vergeht werde ich immer dein Freund sein.

Dich zu wollen ist leicht,
dich zu vermissen ist hart.
Zu wünschen dass du bei mir bist verwickelt sich in meinen
Armen.
Dauernd denke ich an dich wenn wir getrennt sind.

Während man wartet bis die richtige Person kommt- spielt
und Spaß hat mit den Falschen.
Aber sei vorsichtig mit wem du spielst denn die Person
könnte die richtige sein.

Was ist eine Blume ohne die Sonne,
was ist die Erde ohne den Himmel?
Was bin ich ohne dich?
Deshalb sage ich dir.... Ich Liebe dich!

Was uns zusammen hält ist weit größer als das was uns
trennt.
Möchte unsere Liebe stärker als die Schwerkraft sein!

Ohne Liebe kann ich nicht Leben,
du bist Liebe also kann ich nicht ohne dich leben!!!

Was ich für dich empfinde ist wirklich wahr.
Du musst wissen, ich brauche dich so sehr.
Wenn du gehst, kann ich nicht weiter machen.

Kannst du nicht sehen dass du die/ der einzigste für mich
bist?

Was tust du wenn du eine extrem niedliche Person siehst?
Ah!
Ich starre die Person an und lächle, aber wenn ich müde
werde, nehme ich den Spiegel runter.
Also Liebling, ich bin dein Spiegel.

WaaaH!
Ich bin so traurig,
fühle mich so blau denn ich habe keine Nachricht von dir
bekommen!! Vermisse dich!

Wäre jeder von uns ein Engel mit nur einem Flügel.
Und wir uns nur im fliegen umarmen könnten wenn ich dich
umarme,
würde ich mich verlieben, würde ich meinen Flügel
verlieren.

Mit dir verlor ich mich selbst,
ohne dich fand ich mich selbst, suchend um mich wieder zu
verlieren.

War dein Vater ein Dieb?
Denn jemand hat die Sterne am Himmel gestohlen und sie in
deine Augen getan.

Du lächelst immer,

du sagst nie nein,
du verletzt mich nie,
mein süßer Honigbär!

Du bist was Gott gedacht hat als er sagte " Lass es Frauen geben".

Wenn ein Freund deine Liebe braucht, zeig ihm dass du dich kümmerst.
Braucht er Aufmerksamkeit, zeig ihm dass du da bist.
Sei bereit ihm zu helfen wenn seine Lasten hart zu tragen werden.
Denn du kannst kein Freund sein bis du lernst zu teilen.

Du wirst nicht an mich denken wenn du glücklich bist und eine gute Zeit hast, das ist gut aber bitte vergiss mich nicht wenn du traurig und alleine bist denn ich möchte der/ die erste sein die/ der dich glücklich macht.

Du bist immer in meinem Herzen,
hier und überall,
es gibt niemanden auf der ganzen Welt der mich so fühlen lässt.

Du bist niedlich, reizend, Klever, nobel, geistreich, attraktiv, letztendlich so liebenswert.
Das wurde mir geschickt, ich wollte nur dass du es liest.

Du bist wie ein Ziel das ich immer versuche zu erreichen.

Wie ich mir wünsche dich im Herzen zu erreichen.
Aber ich versage jedes Mal, ich bin so traurig.
Du weißt warum?
Es ist weil es immer damit endet das ich dich vermisse!

Du bist der Sonnenschein meines Lebens.....
Du nimmst die Wolken und machst den Regenbogen jeden
Tag.....
Sicherlich wirst du immer in meinem Herzen sein! Schönen
Tag!

Du bist wie mein Asthma, du nimmst mir den Atem.
Wie Schuppen, ich kann dich nicht von meinem Kopf
kriegen.
Wie mein Auto, du machst mich verrückt.
Wie ein Gebiss, ich kann nicht ohne dich lächeln.

Du wurdest gerufen bevor das Cupids Gericht mein Herz
stehlen konnte.
Tratst in meine Träume und stahlst meine Sinne.
Du wirst verurteilt dein Leben mit mir zu verbringen_ wie
bekennst du dich?

Du hast mein Herz berührt,
du hast meine Seele berührt.
Wegen dir fühle ich mich jetzt ganz.
Du wirst immer mein bester Freund sein.
Du bist in meinem Herzen bis zum bitteren Ende.

Du brachtest mich in die dunkle Gasse,
du hast meine Hüfte gehalten,
mir das Oberteil ausgezogen,
du hast deine Lippen Suff meine gedrückt,
du hast mich geschmeckt.
Du liebtest jede Sekunde.
Gott sei Dank bin ich nur eine Kola Flasche!

Du denkst ich bin nett, ich denke du bist nett.
Du denkst ich bin freundlich, ich denke du bist freundlich.
Du denkst du kannst mir vertrauen, ich denke du kannst.
Du denkst ich bin niedlich, und ich denke das ist richtig.

Du wirst vielleicht nie sehen wie viel du mir bereutest.
Du wirst vielleicht nie hören wie sehr ich dich schätze.
Du wirst vielleicht nie fühlen wie sehr ich dich vermisse.
Denn nur in meinem Herzen kannst du die Wahrheit sehen.

Du verliebst dich nur einmal im Leben,
manche haben Glück,
manche haben kein Glück.....
Ich hatte Glück denn ich habe dich gefunden und mich in
dich verliebt!

Du schickst mir nicht oft eine SMS.
Du schickst mir nicht viel SMS.
Das macht mich traurig denn wir haben keinen Kontakt.
Die Nachricht ist klar.
Es gibt jemanden den ich wirklich vermisse und das bist du
meine Liebe!

Du wirst mit deinen Ohren hören aber nicht verstehen.
Du wirst mit deinen Augen schauen aber nicht sehen.
Jetzt versuche es mit deinem Herz zu fühlen und du wirst
sehen wie sehr du mir bedeutest.

Weißt du was?
In der ganzen Welt gibt es keinen Schatz den ich so Liebe
und ich möchte dass die ganze Welt weiß dass ich dich nie
vergessen werde!

Gestern habe ich dich geliebt,
Morgen werde ich nur an dich denken.
Weißt du was.... Ich Liebe dich!

Du und ich machen es im Bett...
Machen es im Auto...
Machen es im stehen...
Machen es im sitzen...
Aber am besten ist es man macht es im liegen.
Können wir nicht Einfach.... Liebe...... SMS schicken? (",)

Du sagtest du liebst mich und möchtest mich eng umarmen.
Diese Worte gehen mir Tag und Nacht durch den Kopf.
Ich träumte du umarmtest mich und zeigtest mir das wir für
immer zueinander gehören.

Du bist jemand besonderes,
du bist jemand süßes,
wenn ich an dich denke,

vermisst mein Herz einen Schlag,
Du bist raus aus dieser Welt,
Du bist einer dieser Art und jemanden wie dich werde ich
nie finden.

Du siehst aus wie ein Engel. Willkommen auf der Erde und
in meinem Herzen.

Ich Liebe dich vom ganzen Herzen. Jeden Tag etwas mehr,
dein leuchtendes lächeln, dein liebendes Gesicht.
Niemand wird je deinen Platz einnehmen.

Im Leben, werden wir nicht immer bekommen was wir
wollen...werden wir nicht immer bekommen was wir
brauchen...aber wir werden immer bekommen was wir
verdienen, viele Küsse dafür das du mein Leben wieder
Lebenswerk machst.

Vielleicht bin ich für ein paar Minuten, ein paar Stunden
oder ein paar Tagen weg. Aber ich werde immer für dich da
sein.
Vielleicht kann ich nicht guten Morgen oder gute Nacht
sagen, aber ich werde niemals einem Menschen, so
warmherzig und süß wie du es bist, Lebewohl sagen.

In meinen Träumen sind wir nie getrennt.
In meinen Träumen bin ich ganz nah bei dir.
In meinen Träumen liebst du niemanden so sehr wie mich.
In meinen Träumen sind wir immer und weg zusammen.

Ich glaube, ich möchte nie aufhören zu träumen.

Ich vermisse dich so, hier um mich Rum, so viele Leute,
trotzdem so allein.
Ich vermisse deine Lippen, dein sanftes Lächeln, ich
vermisse dich jeden Tag mehr und mehr.

Ich vermisse dich...Ich brauche dich.... Mehr und
mehr...Jeden Tag.....Ich Liebe dich...Mehr als Worte...Je
sagen können

Ich vermisse dich obwohl es keinen Grund gibt, und noch
viel mehr wenn es einen gibt.
Ich vermisse dich obwohl wir miteinander reden, und noch
vielmehr wenn wir das nicht tun.
Ich vermisse dich obwohl wir uns gerade gesehen haben,
und noch viel mehr wenn ich dich sehe.
Ich vermisse dich, und noch viel mehr.

Vielleicht habe ich vergessen zusagen wie sehr du mir
bedeutest.
Vielleicht habe ich versagt mich zu öffnen und dies mit dir
zu teilen.
Aber wahre Worte werden gesprochen und mein
Versprechen in dieser Freundschaft nie gebrochen.

Ich habe keine Bilder die ich dir senden kann, keine süßen
Sprüche die ich sprechen kann, aber ich werde mich immer

um jemanden wie dich bemühen.

Ich sagte dir das ich dich Liebe, du sagtest mir das auch du mich liebst.
Ich sagte dir dass ich mich um dich sorgen würde, du sagtest mir dass auch du dich um mich sorgen wirst.
Durch mein verhalten habe ich dir bewiesen das dies so ist, durch dein behalten hast du mir bewiesen das du gelogen hast.

Ich danke Gott dass er mich reich beschenkt hat, nicht mit Geld aber mit Menschen so wie du.
Ich habe keine Wertvollen Sachen aber das größte Geschenk auf Erden, einen Freund wie dich.

Ich danke meinem Herrn für das Geschenk einer Freundschaft bei der ich selbst sein kann und so akzeptiert werde und das ich ein Zuhause in dem Herzen eines Freundes wie dir gefunden habe.

In unseren Träumen und in der Liebe gibt es nichts was unmöglich ist.
In schlechten Zeiten und im Schmerz werden wir uns trotzdem Lieben, bis uns der Tot auseinander reißt.

Gott hat dich erschaffen das ich dich lieben kann.
Er hat dich von allen ausgesucht den er wusste dass kein anderer dich so lieben wird wie ich.

Als ich meinen Geldbeutel öffnete merkte ich dass er leer ist, doch in meiner Jackentasche habe ich ein paar Münzen gefunden. In meinem Herzen habe ich dich gefunden und ich merkte wie reich ich bin.

Ich kannte dich bevor du mich kanntest. Ich versuchte dein Interesse zu wecken doch du warst so beschäftigt. Ich möchte dich und das du mein wirst. Ich zeigte dir meine Liebe indem ich dir mein Leben gab.

Ich habe dich sehr sorgfältig von oben bis unten beobachtet, von Rechts nach Links und ich bin zu dem Entschluss gekommen das du ein Park Ticket sein musst den du hast das Wort „ Strafe" überall auf dir geschrieben.

Ich habe viele gemocht aber wenige geliebt. Bis jetzt war noch keine so süß wie du. Ich würde in der Welt längsten Schlange stehen nur um einen Moment mit dir zu verbringen.

Ich hoffe dass du endlich verstehst, dass ich dich lieben werde bis zum Schluss, den du bist nicht nur mein Mädchen sondern auch mein bester Freund!

Ich habe dich! Wenn du mich hast, erschieße mich nicht Pfeil und Bogen, aber bitte nicht auf Erden den dort ist wo du bist.

Ich habe einen Blauen Stift, einen Freund der du bist.
Blumen verwelken, Gewässer vertrocknen aber unsere
Freundschaft wird niemals vergehen.

Ich habe das „Ich" Ich habe „L" Ich habe das „I" Ich habe
das „E" Ich habe das „B" Ich habe das „E"... so kann ich
bitte „Dich" haben

Ich habe dich! Wenn du mich hast, erschieß mich mit Pfeil
und Bogen, aber bitte nicht ins Herz, den in diesem werde
ich dich immer tragen.

Ich weiß das du genau jetzt an mich denkst obwohl du eine
menge zu tun hast, den du musst wissen das ich die ganze
zeit in der du beschäftigt warst an dich gedacht habe.

Ich weiß du hast eine menge Freunde. Einige sind alt, einige
neu. Einige sind falsch, einige wahr.
Ich bin vielleicht nicht der perfekte Freund aber etwas werde
ich immer sein – der süßeste den du jemals gehabt hast. Ich
Liebe dich.

Ich bin nicht der beste Mensch in dieser Welt, aber ich bin
ich. Ich bin nicht der süßeste, aber ich bin so süß wie ich
bin.

Vielleicht bin ich nicht der richtige für dich, aber ich werde
immer für dich da sein.

Ich dachte immer träume werden nie wahr aber das änderte sich als ich dich das erste mal sah.

In meinem Herzen kann ich es fühlen, eine kleine Flamme, und jedes Mal wen ich dich sehe wird sie etwas größer, die Flamme brennt nur für dich, weil ich dich liebe.

Ich L.....
Ich kann es nicht sagen
Ich Lie ....
Was soll ich tun
Ich Lieb....
Bitte nicht böse sein
Ich Liebe....
Nicht weiter lesen
Ich Liebe dich.

Ich Liebe dich! Von der Erde bis zum Mond! Vom Mond bis zur Erde, ich hoffe du mich auch?

Die Dinge die ich in meinem Leben getan habe oder auch nicht, bereue ich nicht, den irgendwo auf meinem Weg muss ich etwas richtig gemacht haben sonst hätte ich keinen Freund wie dich.

Ich weiß nicht wie ich es sagen soll. Wir sind Freunde trotzdem kann ich es nicht aus meinem Kopf bekommen.

Es ist falsch aber ich muss immer an dich denken. Dies
könnte unsere Freundschaft
zerstören, doch ich muss es sagen. Du bist die Liebe meines
Lebens!

Ich denke nicht viel, ich denke nicht oft, aber wen ich denke,
dann denke ich an dich!

Ich habe keine Ruhen und den weg ins Bett finde ich nicht,
Aspirin kann mir nicht helfen den ich vermisse dich!

Ende erster Teil.